献给马克和玛丽莎……没有你们，就没有这本书。

特别感谢：

丹娜·蒂尔

琳达·佩里

巴巴拉·杰维斯

杰克·比尔斯

珍妮·皮卡

文森特·皮卡

版贸核渝字（2018）第276号

图书在版编目（CIP）数据

别摸我：这是我的身体！/（美）帕蒂・菲茨杰拉德著；徐德荣，范雅雯译；（美）保罗・约翰逊绘．—重庆：重庆出版社，2019.3
（儿童自我保护系列）
ISBN 978-7-229-13752-6

Ⅰ.①别… Ⅱ.①帕… ②徐… ③范… ④保… Ⅲ.①安全教育–儿童读物 Ⅳ.①X956-49

中国版本图书馆 CIP 数据核字（2018）第 263565 号

别摸我：这是我的身体！
BIEMOWO ZHESHI WODE SHENTI
〔美〕帕蒂・菲茨杰拉德 著　〔美〕保罗・约翰逊 绘　徐德荣 范雅雯 译

责任编辑：孙 曙 叶 子
特约编辑：胡玉婷
封面设计：马田利

重庆出版集团
重 庆 出 版 社 **出版**

重庆市南岸区南滨路162号1幢　邮政编码：400061　http://www.cqph.com
河北彩和坊印刷有限公司印制　青豆书坊（北京）文化发展有限公司发行
Email: qingdou@qdbooks.cn　邮购电话：010-84675367

全国新华书店经销

开本：889mm×1194mm　1/16　印张：1.75　字数：8千字　2019年3月第1版　2024年9月第6次印刷
ISBN 978-7-229-13752-6

定价：39.80元（全二册）

别摸我

这是我的身体！

[美] 帕蒂·菲茨杰拉德（Pattie Fitzgerald）●著
[美] 保罗·约翰逊（Paul Johnson）●绘
徐德荣　范雅雯●译

重庆出版集团　重庆出版社

大家好！

我叫凯蒂，这是我弟弟凯尔。
我们有很多共同点。

我们都喜欢吃巧克力冰激凌，喜欢一起出去玩。妈妈说我们就像一个豆荚里的两颗豌豆。但是，我和凯尔又不一样。他喜欢荡秋千，我喜欢滑滑梯。他喜欢打游戏，我喜欢画画。

我们还有一个不同点，那就是凯尔是男孩，而我是女孩。也就是说，我们的身体是不同的。他有男孩的隐私部位，我有女孩的隐私部位。

泳衣遮住的地方就是我们的隐私部位。我的泳衣有上身和下身，而凯尔的泳衣只有下身。

所有的男孩和女孩都有自己的隐私部位。妈妈告诉我们，隐私部位是我们身体中很特别的一部分。关于隐私部位，有一个非常重要的规则，那就是：

“任何人都不可以看、不可以摸我们的隐私部位，也不能玩关于隐私部位的游戏。”

“那你和爸爸呢？”凯尔问，“你和爸爸可以看我们的隐私部位吗？”

“你们小的时候，爸爸妈妈需要帮你们清洁隐私部位。”妈妈说，“就算现在，我们帮你们洗澡的时候，也会看到你们的隐私部位，这是可以的。”

凯尔接着问道:“那医生呢?”

妈妈回答说:“为了你们的健康，医生可能要检查你们的隐私部位。所以，如果爸爸妈妈在场的时候，医生是可以检查的。但是，如果有其他人想要看或检查你们的隐私部位，那就绝对不可以了。”

“哦，卖冰激凌的叔叔或者隔壁邻居是不会给我们做身体检查的!”我咯咯地笑着说，“只有医生才可以。”

“没错，就是这样。”妈妈笑着说。

“那身体的其他部位呢？”我问道。

“或者其他方式的触碰呢？”凯尔接着问，“有时候我不喜欢肯叔叔挠我的肚子。”

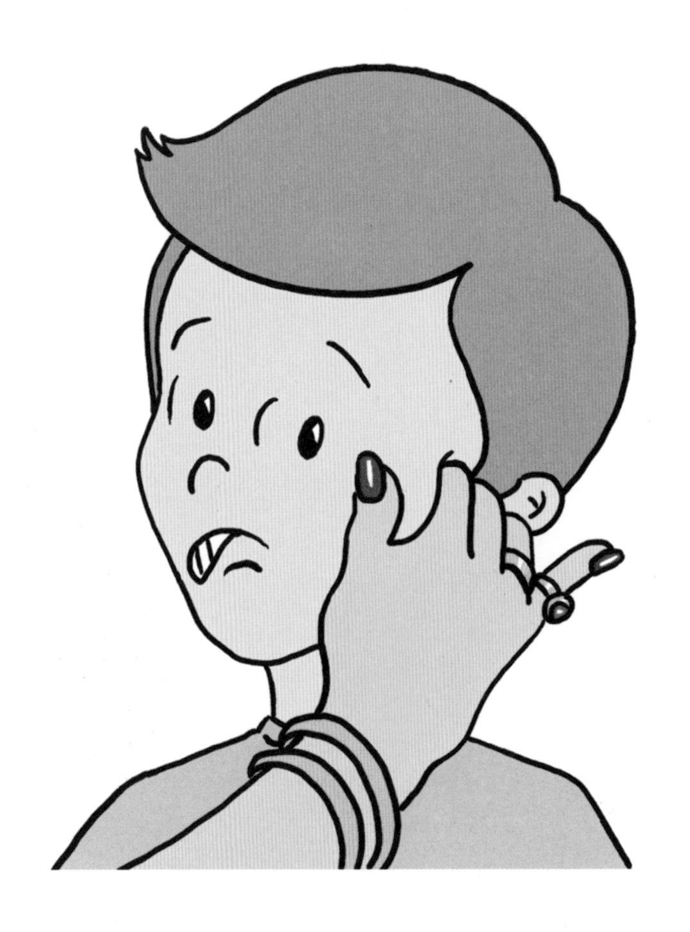

“还有，有时候我也不喜欢卡罗姑妈捏我的脸！”

“这些真是很棒的问题。”妈妈说，“只要不喜欢，谁都不能碰你们身体的任何部位，就算是像肯叔叔或卡罗姑妈这样我们爱的人也不行。你们可以把自己的感受直接告诉他们。”

“可是，这样可能会伤害他们的感情啊！”凯尔说。

“宝贝，你的感受也很重要啊，”妈妈说，“如果你不喜欢被人触碰的话，可以直接对他们说‘**停下**’。”

“可是有时候我喜欢别人挠我痒痒。”我说。

“那也没问题，”妈妈回答道，“这说明你可以接受挠痒痒。那么只要不是碰你的隐私部位就可以。”

“我喜欢抱抱，尤其是奶奶的抱抱。”凯尔说。

“我也是！”

妈妈笑着说：“大多数情况下，拥抱和触碰会让我们觉得很开心。”

“但是如果一个人的拥抱或者触碰让你感到不舒服甚至害怕，你就要立刻让那个人住手，然后把这件事告诉爸爸妈妈。”

妈妈告诉了我们什么是“很棒”和“糟糕”的触碰。

一个“很棒”的触碰会让我们感到开心，比如和朋友拥抱或拉手。

但是一个“糟糕”的触碰会让我们感到不舒服或者害怕。它会给你一种“**哎哟**”的感觉。

妈妈告诉我们，如果有人对我们做了“糟糕”的触碰，也绝对不是我们的错。所以，我们一定要及时告诉爸爸妈妈，不能保密。

我对妈妈说：“如果有人让我有了‘**哎哟**’的感觉，我是不会保密的。”

“我也是！”凯尔说，“不能保密！”

妈妈抱着我和凯尔，亲了我们每个人一下，说道:“你们两个都很有主见、很聪明，一定有能力照看好自己的身体。”

“我会好好照看我的身体的。”我回答说。

“我也是！”凯尔喊道。

“因为这是我的身体，我的，**我的，我的！**”

—完—

家长指南

家长能做什么?

第一步：了解事实

儿童性侵事件中，作案者 90% 是熟人，而不是陌生人。即使是陌生人，罪犯也极有可能会假装很友善，拿着零食或者小玩具引诱孩子，这意味着孩子的“陌生人危险雷达”可能永远都不会起作用。家长不要认为儿童猥亵犯或者绑架犯会有明显的外在特征，这些人都会竭力隐藏自己的真实面目。我们的任务就是要警觉这些人的言行和意图中的“蛛丝马迹”。对儿童图谋不轨的人不会长得像“妖魔鬼怪”，他们往往性格开朗、亲切友善、乐于助人……有的时候让人感觉“好得不像是真的”。大多数对儿童图谋不轨的人会巧妙地用诡计骗取孩子（或家长）的信任，这是一种“麻痹手段”。他们一旦完成了这一步，就会对目标实施犯罪。

第二步：降低概率

大部分儿童性侵事件发生在孩子与作案者单独相处的隐蔽环境下，所以要提防那些不断试图避开你、和你的孩子单独相处的人。要对不同的情况或关系进行鉴别……**体育教练、音乐老师、露营老师、邻居，等等。**（不是所有“单独相处”的情况都存在危险。）注意那些“红色预警”，利用常识分辨哪些人能够接近孩子，哪些人不能和孩子独处。在孩子和成年人独处的时候，你要不时地提前或者不事先打招呼就出现。如果孩子和特定的大人或大孩子独处后出现特殊的情绪，那么你就需要注意：孩子是不是变得沉默或者看起来不舒服？孩子能不能清楚地描述这段时间里都做了什么？或者孩子是不是看起来心神不宁？在需要雇佣保姆、送孩子去露营或让其他人照看孩子时，要从多种渠道核实信息，不要盲目相信别人的推荐。

第三步：倾听 / 沟通 / 教育

尽早和孩子谈这方面的内容，并且要不时地重复，交谈的内容也要随着孩子的成长不断更新。要用儿童的语言，并避免用恐怖的事例。要让孩子知道有**“坏人”**存在，这些人会想办法“哄骗”他们破坏安全规则或对他们做出“糟糕”的触碰。（**“坏人”**涵盖面很广，包括：熟人、陌生人、有点儿面熟的人。）要让孩子清楚，他们一旦有了“哎哟”的感觉，就要立刻来找爸爸妈妈。如果孩子告诉你某个人对他有不合适的言论、行为或触碰，千万不要反应过激，也不要反应不足。要让孩子知道，出现这种事情，绝不是他们的错。要相信你的孩子！为孩子创造一个安全、值得信任的环境，使他遇到任何问题都愿意来找你。

给父母的安全教育小贴士

用**正确的医学名词**来指代隐私部位，并教会孩子使用这些词。

告诉你的孩子，如果一个人的行为让他感到奇怪、难受或者不舒服，**完全可以对那个人说“住手”**，即便对方是大人或者大孩子。教他们一些积极的语言表达，比如:“住手”“我不喜欢这样”“这样不可以”，或者“你不可以这样碰我”。

倾听孩子的想法。如果孩子总是不想待在某个人旁边，或者不想去某个地方，别强迫他们。他们可能会有你没有意识到的“红色预警”。

让孩子牢记**“不能保密”**这个**家庭规则**。

不要把孩子的名字写在他们的私人物品比如夹克或背包的外侧。

让孩子自己决定他们表达感情的方式。如果孩子明显不愿意，**不要强迫他们去拥抱或亲吻其他人**。

相信你的直觉，也鼓励孩子相信自己的直觉。我们的直觉是很好的晴雨表，它可以让我们察觉出身边动机不良的人。

和孩子用一种轻松、愉快的方式进行**情景演练**，比如开车去伙伴家玩或在其他外出的时候，晚饭摆上桌子的时候，等等。在演练中教会孩子保护自己的策略。家长可以创设一些**“如果……”**的情景来帮助孩子理解安全防范技能。

列举一些简单、清晰的例子:

- 除非得到了爸爸妈妈的许可，否则永远不要上别人的车或去别人家。
- 不管陌生人看起来多么友好，也不要接受他们的糖果或者任何其他东西。
- 如果有了“哎哟”的感觉或者“糟糕”的触碰，要及时告诉爸爸妈妈。

留心孩子突然出现的一些不符合他们年龄、成熟程度和发展阶段的性行为或性知识，尤其要留心孩子说出的关于隐私部位的新词。查找原因，仔细分析谁会告诉他们这类信息。

确保孩子清楚，如果有人让他感到“厌恶”或是不舒服，那绝**不是他们的错**，他们**也不会因为告诉你而受到惩罚**。孩子们常常会因为害怕被责怪或惩罚而隐瞒那些难以启齿的事情。

尽早和孩子进行安全教育，把信息拆分开，一次就告诉他们一点。不要用枯燥的谈话、恐吓手段或是复杂的概念让孩子不知所措。

请牢记：**威慑**儿童性侵罪犯或者骚扰犯的**最好方法**就是增加他们被抓的可能性。

如果他们认为**你**注意到了并且对他们的骗局有所警惕，

如果他们认为你的孩子完全能够识别不好的行为或者会告诉大人，

你就大大降低了孩子成为他们目标的风险！

帕蒂·菲茨杰拉德

儿童安全问题认证教育专家
安全到永远股份有限公司创始人

帕蒂·菲茨杰拉德，**安全到永远股份有限公司**创始人、儿童性侵防范教育专家、儿童安全教育专家、儿童监护专家。

帕蒂·菲茨杰拉德曾是一名**幼儿园教师**，她将自己的专业知识融入日常的教育工作之中，并且在儿童保护领域工作了超过 15 年。更重要的是，帕蒂·菲茨杰拉德是一位**母亲**，她用一种平和融洽的方式从母亲的视角教给所有家长和孩子最有效、最新的安全策略。

帕蒂通过积极的努力创造了独特的**“安全一智慧”**品牌，因此受到赞赏。她以客座讲师和主讲人的身份，在全美范围内开展讲座并获得了高度的肯定，她还提倡加强儿童安全立法和在学校开展儿童防性侵教育。

她的**超级安全规则和课程**被美国南加州各个学区广泛应用。

帕蒂还著有**《超级安全手册：写给孩子和大人的安全指南》**。早安美国、CNN（美国有线电视新闻网）头条新闻、MSNBC（美国微软全国有限广播公司）、CNBC（美国全国广播公司财经频道）都对她进行过特别报道。

她目前居住在美国加利福尼亚州的圣莫妮卡。

我创建**安全到永远股份有限公司**是因为……首先我是一位母亲，我希望我的女儿能够在安全的前提下自由快乐地成长。保护孩子并不意味着要时刻处于担惊受怕之中，它应当意味着我们能跟随大量统计数据、研究结果和信息的指引，并善于利用“预防”这个最好的武器武装自己！

——帕蒂·菲茨杰拉德

以下空白页供绘画或记录。

献给马克和玛丽莎……没有你们，就没有这本书。

献给世界各地的父母和孩子，愿我们的生活“安全到永远”！

特别感谢：

丹娜·蒂尔

琳达·佩里

巴巴拉·杰维斯

杰克·比尔斯

珍妮·皮卡

维恩·皮卡

版贸核渝字（2018）第276号

图书在版编目（CIP）数据

超级安全手册：写给孩子和大人的安全指南 /（美）帕蒂·菲茨杰拉德著；徐德荣，姜泽珣译；（美）保罗·约翰逊绘．— 重庆：重庆出版社，2019.3
（儿童自我保护系列）
ISBN 978-7-229-13752-6

Ⅰ. ①超… Ⅱ. ①帕… ②徐… ③姜… ④保… Ⅲ. ①安全教育—儿童读物 Ⅳ. ①X956-49

中国版本图书馆 CIP 数据核字（2018）第 263558 号

超级安全手册：写给孩子和大人的安全指南
CHOAJI ANQUAN SHOUCE XIEGEI HAIZI HE DAREN DE ANQUAN ZHINAN
〔美〕帕蒂·菲茨杰拉德 著 〔美〕保罗·约翰逊 绘 徐德荣 姜泽珣 译

责任编辑：孙 曙 叶 子
特约编辑：胡玉婷
封面设计：马田利

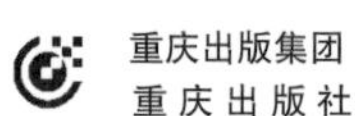
重庆出版集团
重 庆 出 版 社 出版
重庆市南岸区南滨路162号1幢 邮政编码：400061 http://www.cqph.com
河北彩和坊印刷有限公司印制 青豆书坊（北京）文化发展有限公司发行
Email: qingdou@qdbooks.cn 邮购电话：010-84675367

全国新华书店经销

开本：889mm × 1194mm 1/16 印张：2.75 字数：13千字 2019年3月第1版 2024年9月第6次印刷
ISBN 978-7-229-13752-6

定价：39.80元（全二册）

如有印装质量问题，请向青豆书坊（北京）文化发展有限公司调换，电话：010-84675367

超级安全手册

写给孩子和大人的安全指南

[美] 帕蒂·菲茨杰拉德（Pattie Fitzgerald）● 著
[美] 保罗·约翰逊（Paul Johnson）● 绘
徐德荣　姜泽珣 ● 译

重庆出版集团　重庆出版社

亲爱的家长和监护人:

如果发生下面这些事，你的孩子知道应该怎么做吗?

- 他们在商店或公共场所走丢。
- 一个看起来“友好”的陌生人向他们求助。
- 保姆或是爸爸妈妈的朋友想和他们玩一个“触摸身体的秘密游戏”，并告诉他们“不要告诉任何人”。

对孩子进行安全教育不需要吓唬孩子。**超级安全规则**的目标是通过给孩子们最基本的安全指导，让他们明白“该做什么”和“不该做什么”，并在感到有能力保护自己的同时不产生畏惧情绪。

注意这一点: 大多数孩子都理解什么是规则。无论在家里、在学校还是在操场上，玩游戏还是做运动，孩子们都知道哪些是适当的行为和应当遵守的准则（就是规则！）。无论你是否相信，孩子们实际上是喜欢规则的，因为在探索世界的过程中，规则帮他们建立清晰的系统，给他们提供思路。这就是他们的成长方式！

超级安全规则告诉孩子在他们所处的世界中，什么是“正确的和错误的”。简单来说，当孩子们明白了“规则”，他们就更有可能在**别人破坏规则**的时候，正确应对或者及时告诉我们。

无论孩子面对的是他们“熟悉、不熟悉或者有点儿面熟”的人，**超级安全规则**都能帮你有效展开对话，来帮助孩子更好地避免犯罪分子的欺骗和操纵。

你无须一次性给孩子读完整本书。试着一次只给孩子讲解一到两条规则，循序渐进地进行安全教育。

最后我想说的是，我们都不希望让孩子对一切心怀恐惧。请在和孩子讨论安全问题时，保持轻松平和的态度。让这一切简单愉快！让你的孩子感到自己有力量，又有自信。

提供直接、实用、有效的教育信息给所有家庭，是安全到永远股份有限公司不变的使命！

你真挚的朋友，

Pattie Fitzgerald

帕蒂·菲茨杰拉德

安全到永远股份有限公司创始人

* 请阅读本书末尾的**家长指南**。

超级安全学校
山姆

欢迎你

来到超级安全学校！

我叫山姆，是超级安全学校的**老大**。

我的工作是告诉孩子们如何

保证安全！

安全是什么意思？

安全意味着做那些**不伤害**我们自己的事情。

安全意味着我们是受到保护的。

安全意味着你**做得对**！

- 骑自行车的时候戴头盔是安全的。
- 过马路之前往两边看是安全的。
- 出门的时候紧跟爸爸妈妈是安全的。

鬼屋
碰碰车

糖果

不安全是什么意思？

不安全意味着做那些伤害我们，**或者**让我们感到**不舒服**和害怕的事情。

不安全意味着我们**没有**大人保护。

这可真是**太糟糕了**！

独自一人走到陌生人的车旁边，

真是**太不安全了**！

可千万不能这么做！

让我们来看看

《超级安全手册》，

这样你也可以成为一位聪明的**主人**！

第一条规则——我是我身体的主人！

知道吗，你非常**特别**，也非常**重要**……

并且你也是**主人**！

没错！就算你是个小孩子，

你也是自己身体的主人！

做你身体的主人，意味着由你来决定自己喜欢或不喜欢怎样的身体接触。

如果有人试图触碰你，不管是以哪种方式，只要你感到

难过

害怕

或者仅仅是**不舒服**

你都可以说

……哪怕对方是成年人或大孩子，你也应当这样做。

因为这是你的身体……

你是主人！

我的身体
我做主！
我的身体
我做主！

第二条规则——聪明的身体主人要小心……

坏家伙！

大多数人希望孩子们安安全全的，但是有些人却想骗小孩去做**不安全**的事情。我们管他们叫**坏家伙**，因为这些家伙总是想要破坏我们的安全规则。

做一个**聪明的身体主人**，意味着你不会被坏家伙欺骗！

坏家伙长什么样子呢？
这是一个好问题。

你不能够根据**外表**来判断一个人的好坏。

坏家伙可能穿着漂亮的衣服，很可能还笑眯眯的。我们不能从**外表**来判断他们是不是坏家伙，我们要看他们**说**了什么，以及他们想让你**做**什么。

你应该这样去辨别他们！

如果任何人要求你破坏安全规则，他就是坏家伙！

赶快远离他们，

并且告诉一个可靠的大人，

例如你的妈妈或爸爸，

越快越好。

第三条规则——通常，大人不会向小孩子求助……特别是你**独自一个人**的时候。

孩子们可以帮助爸爸妈妈做一些家务，但是其他大人**不会**向他们**不认识**的小孩子求助。

如果有人让你走到他的车旁边去帮忙，

一定要说**不**。

如果有人让你帮忙找走丢的小狗，

一定要说**不**。

这是个陷阱！

赶快远离！

那人是个坏家伙！

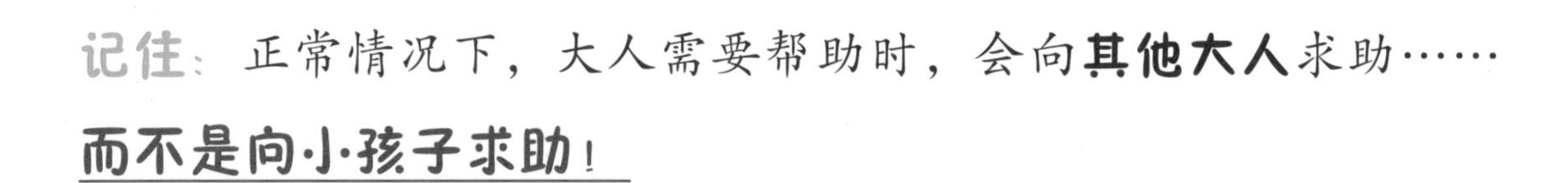

记住： 正常情况下，大人需要帮助时，会向**其他大人**求助……

而不是向小孩子求助！

先问
家长!

第四条规则——先问家长……即使是你认识的人，在你和他去任何地方或接受他的任何东西之前，都要先征得爸爸妈妈的许可。

聪明的主人知道自己从不会随便进入别人的家里或者车里，也不会接受别人的礼物，除非事先得到了爸爸妈妈的允许。

如果邻居邀请你去他家里打游戏，

先问家长！

如果卖冰激凌的人邀请你上他的车，

先问家长！

如果一个看起来和善的大人在公园里要求你帮忙，或者要送给你一个特别的玩具或零食，

先问家长！

如果没有先问爸爸妈妈，那就**不要去**！

第五条规则——我不会和陌生人去任何地方，也不会接受陌生人给的任何东西……不管他们说了什么！

聪明的主人永远不会和陌生人去任何地方，即使他们看起来是好人。

- 有糖果也**不去**！
- 有钱也**不去**！
- 有玩具也**不去**！
- 不管怎样都**不去**！

如果你不认识这个人，

就别跟他一起走——**不管他说了什么**！

向后退一大步，**赶紧离开他**。

糖果

第六条规则——我的隐私部位不能碰！

任何人的身体上都有特别的部位，它们就是游泳衣盖住的地方。

这些部位就是**隐私部位**。

主人的规则十分简单：我们的“隐私部位不能碰”。这就是说，**任何人**都**不能**和你玩“触碰游戏”来触摸你的隐私部位，也不能要求你去触摸他们的隐私部位。

我们叫它“糟糕的触碰”，因为这会让你感到不舒服、害怕或者纠结。

你可以对**任何人**说“**不要碰我！**”，无论他是比你大的孩子还是大人。然后马上去告诉一个可靠的大人……例如你的爸爸妈妈、爷爷奶奶、老师或者校医。

这些糟糕的触碰**永远不是**你的错。**你一定要说出来。**

什么是安全的触碰？

为了身体**健康**，医生可能需要检查你的隐私部位。

如果是在医院，你的**爸爸妈妈**也和你在一起，那么这是可以的。

有时候，因为你还小，爸爸妈妈可能会帮你洗澡来**保持卫生**，这也是可以的。

但是，**其他人**不能以任何理由看和触碰你的隐私部位。

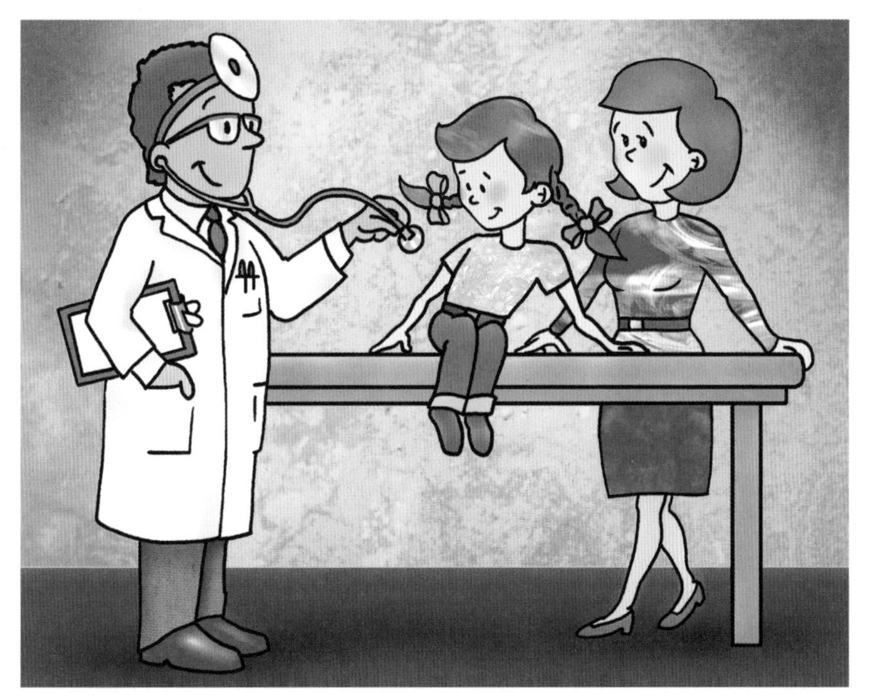

“我的身体我做主！”

第七条规则——糟糕的触碰不能保密！

谁都不能让孩子对家长保密，特别是关于你身体的秘密。如果**任何秘密**让你感觉伤心、纠结或者仅仅是**不舒服**，**告诉**一个可靠的大人，比如你的**爸爸妈妈**，或者一个你可以信任的大人。

如果有人告诉你“**不要告诉别人**”，你就一定要**说出来**！

聪明的**主人**不保密，特别是关于触碰的秘密。

秘密还是惊喜？

惊喜和秘密是**不一样**的。

- 惊喜就像是去参加聚会或是收到别人的礼物。
- 惊喜会让你感到**开心**，而不是害怕。

3:99

第八条规则——如果我走丢了，我要原地不动并且大声呼喊，或者向一个带小孩的妈妈求助。

和爸爸妈妈一起出门时，一定不要到处跑，要紧跟他们，但是有些时候，因为有太多好玩好看的东西，孩子会不知不觉地和爸爸妈妈走散。

如果你找不到爸爸妈妈，要“**原地不动并且大声呼喊**”。站在原地，然后用自己**身体主人的威力**大声喊出来。**很可能爸爸妈妈就在附近，他们会听见你的声音。**

或者，你可以向一个**带小孩的妈妈**求助，

或者，你去找**收银员**。他们可以用商场的喇叭发布寻人启事，帮你找爸爸妈妈。

主人的特别提示：

爸爸妈妈绝对不会把你丢下，也不会自己回到车上，所以**绝对不要**去停车场找他们。

你要待在原地！

第九条规则——当我有“哎哟”的感觉时，一定要告诉爸爸妈妈！

主人，**你的感觉**非常重要。

如果任何人或任何事让你感到害怕或者不安全，我们把这叫作**“哎哟”的感觉**。

这就像是你身体里的警铃，当感觉不对的时候，它就会响起来。

注意身体给你的警告。

主人们请记住：如果有人让你有**“哎哟”的感觉**，即使是你认识的人，也一定要马上告诉爸爸妈妈或者一个可靠的成年人，他们会保护你的安全。

警铃

主人们请记住：

你非常**特别**，非常**重要**！

现在，你学会了**超级安全规则**，你已经可以成为一个安全、聪明的**身体主人**了，就像我一样。

—— 完 ——

请阅读接下来的家长指南

家长指南

家长能做什么?

第一步：了解事实

- 儿童性侵事件中，作案者 90% 是熟人，而不是陌生人。
- 即使是陌生人，罪犯也极有可能会假装很友善，拿着零食或小玩具引诱孩子，这意味着孩子的“陌生人雷达”可能永远都不会起作用。
- 不要认为儿童猥亵犯或者绑架犯会有明显的外在特征，这些人都会竭力隐藏自己的真实面目。我们的任务就是要警觉这些人行为、语言和意图中的“蛛丝马迹”。
- 对儿童图谋不轨的人不会长得像“妖魔鬼怪”，他们往往性格开朗、亲切友善、乐于助人……有的时候让人感觉“好得不像是真的”。
- 对儿童图谋不轨的人会巧妙地用诡计骗取孩子或家长的信任，这是一种“麻痹手段”。罪犯往往精心策划，可能会长达几周或者几个月，来试探能否对孩子下手或者家长是不是好骗。
- 一旦他们完成了这一步，就会对目标实施犯罪。
- 麻痹过程中，罪犯会经常大肆讨好、表达关心、制造亲密的肢体接触、赠送礼物、热心帮助家长，这个过程通常是循序渐进的。

第二步：降低概率

- 大部分儿童性侵案件发生在隐蔽私密的地方。
- 提防那些不断试图避开你，和你的孩子独处的人。
- 对和孩子接触的不同人群进行鉴别——体育教练、音乐老师、露营老师、亲戚、朋友。(不是所有“独处”的情况都存在危险。)注意那些“红色预警”，利用常识分辨哪些人能够**接近孩子、和孩子独处**，哪些人不能。
- 在你的孩子和一个成年人独处的时候，你要不时地提前或不事先打招呼就出现。
- 小心那些几乎没有同龄朋友、喜欢和小孩子一起玩的大孩子。
- 如果你的孩子在和特定的人相处或去过特定的地方之后，出现特殊的情绪，那么你就要注意：孩子是不是变得沉默或者看起来不舒服？孩子能不能清楚地描述这段时间里都做了什么？或者孩子有没有看起来心神不宁？
- 和那些跟孩子有接触的人保持明确的界线。例如：音乐老师不会主动要求帮忙带孩子或者免费授课，教练不会只带着一个孩子出去“过夜”。
- 在需要雇佣保姆、送孩子去露营或让其他人照看孩子时，从多种渠道核实信息，不要盲目相信别人的推荐。如果有任何事情让你觉得“越界”或“奇怪”，相信你的直觉，别把你的孩子置于危险之中。

给父母14条安全教育小贴士

1. 用正确的医学名词来指代隐私部位，教会孩子使用这些词。

2. 告诉你的孩子，如果一个人的行为让他感到有些奇怪、难受或者不舒服，**完全可以**对那个人说**“住手”**，不管对方是大人还是大孩子。

3. 教他们一些积极的语言表达，比如：**“住手”“我不喜欢这样”“这样不可以”“你不可以这样碰我”“这是我的隐私”**。

4. 倾听孩子。如果孩子总是不想待在某个人旁边，或者不想去某个地方，别强迫他们。他们可能会有你没有意识到的“红色预警”。

5. 如果你发现孩子突然从别人那里获得了礼物、玩具或者昂贵的东西，问问孩子那是从哪儿来的。

6. 让孩子自己决定他们表达感情的方式。如果孩子明显不愿意，不要强迫他们去拥抱或亲吻其他人。

7. 相信你的直觉，也鼓励孩子相信自己的直觉。我们的直觉是很好的晴雨表，它可以让我们察觉出身边动机不良的人。

8. 用轻松乐观的态度和孩子进行人身安全练习来提高他们的自我保护能力，不要吓唬他们。

9. 寻找适当的机会帮助孩子复习安全规则，比如，利用开车去伙伴家或者去其他地方玩的时候，吃晚饭的时候，等等。和孩子进行角色扮演，不要让孩子感到害怕，使用“如果……”的情景假设来强化安全防范技能。

10. 留心孩子突然出现的一些不符合他们年龄、身心或发展阶段的对性行为或性知识的理解，尤其要留心孩子说出的关于隐私部位的新词。要弄清楚原因，仔细分析谁会告诉他们这类信息。

11. 让你的孩子明白，如果有人想要哄骗他们进行不安全的触碰，这永远不是他们的错，他们也不会因为告诉你什么事情而受到惩罚，而且你永远会相信他们。

12. 做一个“看得见”的家长，去熟悉那些经常和你的孩子打交道的人，例如：教练、咨询师、老师、孩子玩伴的家长，等等。营造一种你时刻存在于孩子生活中的“氛围”，这是强有力的威慑。

13. 刚开始和孩子进行安全教育的时候，把信息拆分开，一次就告诉他们一点。不要用枯燥的谈话、恐吓手段或是复杂的概念让孩子不知所措。

14. 让孩子习惯和你分享他们一天中的细节，可以是在学校里、和伙伴一起玩，或者是课后活动中的事情。要采用轻松愉快的对话方式。例如：“你告诉我今天发生的三件事，我也告诉你我的三件事。”通过让孩子分享他们的一天，你可能会从孩子那里得知一些需要你帮助的信息或线索。即使没有任何问题，这种对话也能够让你的家庭建立起良好的、顺畅的沟通环境。

红色警报

红色警报往往是性侵者麻痹受害者的早期征兆。请务必运用常识去辨别。一个红色警报不能立刻表明一个人是性侵者，但是意味着家长要密切监控这个人的行为。如果出现的红色警报多于一个，家长就应当严肃对待，立刻采取措施，保护孩子不受伤害。

- 如果有人不断地试图和一个孩子“独处”，还经常编造出很多理由或借口来解释这样做的必要性。
- 如果有人不断地向一个“优秀的/特别的孩子”示好，让他们脱离群体，并且给予他们过多的赞美、关注和礼物。
- 如果有人在你坚持为他们和你的孩子相处划定界限的时候，故意让你感到内疚。
- 如果有人强行和孩子进行亲昵的肢体接触（过分拥抱、挠痒痒、摔跤、让孩子坐在大腿上），特别是当孩子要求他们停止时。
- 如果有人总是“不小心碰到”或者用“肢体接触的游戏”来和孩子进行肢体接触。
- 如果有人对孩子的外表和身体进行不合适的评价。
- 如果有人不断地邀请孩子单独去他们家玩儿，用最新的电子游戏、有趣的小玩意儿、玩具等东西诱惑他们——特别是那些自己没有孩子的成年人。
- 如果有人不断地故意忽视社交中或情感上的界线和规矩。
- 如果有人和孩子分享一些通常来说应该只和成年人分享的私人信息。
- 如果有人总是在孩子在场的情况下指认色情图片、讲一些有色情暗示的故事或笑话。
- 如果有人总是在孩子换衣服或者洗澡的时候进入更衣室或浴室，并且不尊重孩子对于身体隐私的需求。
- 如果有人总是主动要求“帮家长的忙”，例如：免费照看孩子、为孩子提供交通工具、带孩子出去玩，或者带孩子去一些通常应该由父母陪同的活动。
- 如果有人刻意迎合家庭的生活习惯和日常活动，并主动要求分担我们作为父母的责任。
- 如果有人更喜欢把他们大部分的空闲时间花费在小孩子身上，而且似乎没有兴趣单独和同龄人交往。
- 如果有人特别痴迷于某一个孩子。
- 如果有人看起来“好得让人难以置信”。

防范诱拐

统计显示，大部分诱拐儿童的案件实际上是熟人作案，而并非陌生人，以下是一些重要的预防措施。请不要依靠过时的“陌生人都很危险”的概念，要让孩子们学会如何辨别**“坏家伙”**和潜在的不安全情况。

对于进行户外活动的孩子：

- 务必让孩子和**同伴一起活动**，无论是走路上学、在小区里玩耍或者等公交车。独自出门的孩子是最容易被盯上的目标，也更容易“上当”。
- 不要为了抄近路而走小路或偏僻的地方，一定要走人多的地方。
- 步行去学校：设定一个沿途有“安全地点的安全路线”，让孩子在害怕和感觉不安全的时候可以快速走到这些地方（大型超市、商场或者可以信任的邻居家）。
- 不要把孩子的名字写在他们物品的外侧。在别人叫出他们的名字时，孩子的“陌生人危险雷达”就会失去作用。
- 小孩子不能戴着耳机走路，也不能一边走路一边打电话或者发短信。让孩子务必时刻注意自己周围，心不在焉的孩子更容易受害。
- 如果被车尾随，向**反方向**跑；如果被人尾随，尽快过马路并甩开他们。遇到危险，要**跑开**，不要靠近。
- 告诉孩子除非事先已经获得了你的许可，否则永远不要坐别人的车。这一条规则对他们认识和不认识的人都有效。
- 向他们提供一份可以随时去寻求帮助的“超级信任成年人名单”，这个名单可以有两个或三个人。例如：“你最好的朋友的妈妈或者苏珊姨妈”。
- 提前核实——在改变计划或路线、去别人家、搭别人的顺风车之前，一定要提前核实一下。如果你不能提前核实，那答案就是“**不**”，不要这么做。
- “发疯”——如果孩子被抓住了，他们应该扔下自己的东西并且大声尖叫、呼喊，吸引别人的注意。大喊“救救我！”或者“这不是我的爸爸 / 妈妈！”
- 如果有人说“别喊 / 别跑”，孩子一定要做**相反**的事，大声叫喊并且赶紧跑开！这个人说的话就是在告诉你，如果你尖叫或者跑开，他们就不得不**停止**对你的伤害行为。
- 安全比礼貌更重要。让孩子明白他们可以说**不**。如果他们在任何时候、因为任何人或事有**“哎哟”**的感觉，都要赶紧离开。如果你感到害怕、纠结或者担心，相信自己的直觉。有点儿不礼貌总比不安全要好。
- 紧急情况：为大于八岁的孩子设立一个家庭**“安全密码”**。如果其他人想要接走他们，并声称**“发生了一些紧急情况，你爸爸妈妈让我来接你”**，孩子必须要求对方说出密码。如果那个人不知道，说明他不安全，那么就说**“不”**并且赶快离开。

资源和链接

下列资源能够提供有关儿童安全和防止性侵的信息、教育和宣传资源。

www.safelyeverafter.com —— 安全到永远股份有限公司（预防教育和宣传）

www.missingkids.com —— 美国失踪和受剥削儿童中心 1-800-THE-LOST

www.parentsformeganslaw.com —— “梅根法案”父母中心和受害者中心

www.klaaskids.org —— 克拉斯儿童基金会

www.nsopw.gov ——美国司法部，美国国家性罪犯公示网站

www.themotherco.com —— “罗比的工作室：安全秀”（儿童视频）

www.thesafeside.com —— 创始人：约翰·沃尔什和朱莉·克拉克（安全教育 DVD）

www.darkness2light.org —— 走向光明（儿童安全教育和预防性侵害教育）

www.stopitnow.org ——立刻停止（儿童安全及防性侵教育）

www.amberalert.gov ——美国国家安珀警戒系统（美国司法部）

www.childhelpusa.org —— 美国儿童救助（24 小时危机介入、信息提供及指引）

美国国家儿童受害热线：1-800-4-A-CHILD (1-800-422-4453)

书目推荐

儿童读物：

〔美〕帕蒂·菲茨杰拉德，《别摸我——这是我的身体！》，重庆出版集团。

〔澳〕杰妮·桑德斯，克雷格·史密斯，《绝对不能保守的秘密》，辽宁人民出版社。

〔美〕斯坦·博丹，简·博丹，《贝贝熊系列——对待陌生人》，新疆青少年出版社。

成人读物：

〔美〕戴布拉·W. 哈夫纳，《从尿布到约会》，上海社会科学院出版社。

胡萍，《善解童贞》，江苏科学技术出版社。

请牢记：

威慑儿童性侵者或骚扰犯的**最好方法**就是增加他们**被抓住**的可能性！

如果他们认为**你**注意到了并且对他们的骗局有所警惕，

如果他们认为你的孩子完全能够识别不好的行为或者会告诉大人，

你就大大降低了你的孩子成为他们目标的风险！

超级安全规则

1. 我是我身体的主人。
2. 小心……坏家伙。
3. 安全的大人不会向孩子求助……特别是你独自一个人的时候。
4. 在你去任何地方、接受任何东西之前，必须先问一下爸爸妈妈，即使对方是你认识的人。
5. 永远不要和陌生人去任何地方，也不要接受陌生人的任何东西，即使他们看起来是好人。
6. 我的隐私部位别人不能碰。
7. “糟糕的触碰”不能保密。
8. 如果走丢了：原地不动，并且大声呼喊，或者向一个带着小孩的妈妈求助。
9. 当我有“哎哟”的感觉时，一定要告诉爸爸妈妈。

安全到永远股份有限公司

www.safelyeverafter.com

帕蒂·菲茨杰拉德

儿童安全问题认证教育专家
安全到永远股份有限公司创始人

帕蒂·菲茨杰拉德，**安全到永远股份有限公司**创始人、儿童性侵防范教育专家、儿童安全教育专家、儿童监护专家。

帕蒂·菲茨杰拉德曾是一名**幼儿园教师**，她将自己的专业知识融入日常的教育工作之中，并且在儿童保护领域工作了超过 15 年。更重要的是，帕蒂·菲茨杰拉德是一位**母亲**，她用一种平和融洽的方式从母亲的视角教给所有家长和孩子最有效、最新的安全策略。

帕蒂通过积极的努力创造了独特的**“安全一智慧”**品牌，因此受到赞赏。她以客座讲师和主讲人的身份，在全美范围内开展讲座并获得了高度的肯定，她还提倡加强儿童安全立法和在学校开展儿童防性侵教育。

她的**超级安全规则和课程**被美国南加州各个学区广泛应用。

帕蒂还著有《**别摸我——这是我的身体！**》。早安美国、CNN（美国有线电视新闻网）头条新闻、MSNBC（美国微软全国有限广播公司）、CNBC（美国全国广播公司财经频道）都对她进行过特别报道。

她目前居住在美国加利福尼亚州的圣莫妮卡。

我创建**安全到永远股份有限公司**是因为……首先我是一位母亲，我希望我的女儿能够在安全的前提下自由快乐地成长。保护孩子并不意味着要时刻处于担惊受怕之中，它应当意味着我们能跟随大量统计数据、研究结果和信息的指引，并善于利用“预防”这个最好的武器武装自己！

——帕蒂·菲茨杰拉德

以下空白页供绘画或记录。